BEI GRIN MACHT SICH IHR WISSEN BEZAHLT

- Wir veröffentlichen Ihre Hausarbeit,
  Bachelor- und Masterarbeit

- Ihr eigenes eBook und Buch -
  weltweit in allen wichtigen Shops

- Verdienen Sie an jedem Verkauf

Jetzt bei www.GRIN.com hochladen
und kostenlos publizieren

Jean-Marie Schwarzkopf

Risiko Wetter

Regionale Schadenspotentiale und Versicherungskonzerne

GRIN Verlag

Bibliografische Information der Deutschen Nationalbibliothek:

Die Deutsche Bibliothek verzeichnet diese Publikation in der Deutschen National-
bibliografie; detaillierte bibliografische Daten sind im Internet über http://dnb.d-
nb.de/ abrufbar.

Impressum:

Copyright © 2010 GRIN Verlag GmbH
Druck und Bindung: Books on Demand GmbH, Norderstedt Germany
ISBN: 978-3-656-24678-7

Universität Bayreuth
Lehrstuhl für Klimatologie

Hauptseminar „Aktuelle Fragen der Klimatologie"
im Wintersemester 2009/2010

Hausarbeit zum Thema

Risiko Wetter - Regionale Schadenspotentiale und Versicherungskonzerne

Bearbeiter: Jean-Marie Schwarzkopf

5. Fachsemester Geographie Lehramt

Abgabe: 11.01.2010

Inhaltsverzeichnis

1. Wetterkatastrophen

12.-20.8.2002: Deutschland wird von einer Überschwemmungskatstrophe heimgesucht. Die Folgen waren hohe Schäden und viele Todesopfer. Fünf Jahre später: 18.-20.1.2007 fegt „Kyrill" über Deutschland und hinterlässt Schäden im zehnstelligen Bereich (s.u.). Hierbei stellt sich folgende Frage: Sind Naturkatstrophen oder wetterbedingte Katstrophen nur in Deutschland vorzufinden? Die Frage lässt sich mit einem eindeutigen Nein beantworten. Naturkatstrophen bzw. Wetterkatstrophen sind auf dem gesamten Globus Erde vorzufinden (siehe Abb.1 Weltkarte der Naturgefahren). In dieser Arbeit sollen Fragen zum Thema Wetterrisiken beantwortet werden, die sich besonders auf Deutschland und Europa beziehen, wie:

- Wie entstehen die verschiedenen Wetterkatastrophen?
- Wo kann man diese vorfinden?
- Welche Schäden haben sie angerichtet?
- Wo haben sie die meisten Schäden für uns Menschen verursacht?
- Was sind Gründe für hohe Schäden?
- Wie haben sich die wetterbedingten Katastrophen in den letzten Jahrzenten entwickelt?
- Welche Länder sind bis heute am stärksten von Wetterkatastrophen heimgesucht worden?
- Welche Rolle hat die Versicherung hierbei?
- Wie kann eine Versicherung Schäden in der Zukunft vorausberechnen, um ihre Prämien nicht zu hoch oder zu niedrig anzusetzen?

Fakt ist also, dass Wetterrisiko kein regionales Problem ist, sondern weltweit vertreten ist.[1]

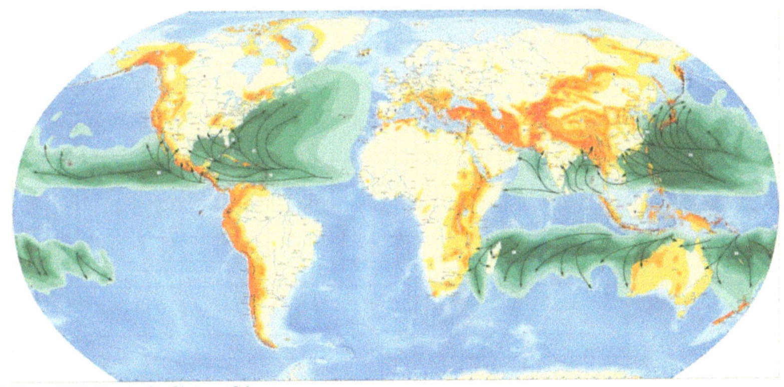

(http://www.munichre.com/de/ts/geo_risks/risk_management_of_natural_hazards/world_map_of_natural_hazards/default.aspx)

---

[1] BERZ (2008): 1f

2. Was ist Risiko und was ist Wetter?

Bevor im weiteren Bezug genauer auf die Thematik „Risiko Wetter" eingegangen wird, sollen zunächst einmal die Begriffe Wetter und Risiko erklärt und geklärt werden.

2.1 Was ist „Wetter"?

In der Klimageographie unterscheidet man folgende Begriffe:

- Unter **Wetter** versteht man den augenblicklichen bzw. momentanen Zustand der Atmosphäre.
- Die **Witterung** beschreibt das Wetter über mehrere Tage.[2]
- Das **Klima** dagegen beschreibt einen mittleren Zustand der Atmosphäre und stellt den Gesamtablauf von Witterungsereignissen für eine bestimmte Region für eine bestimmte Zeit dar.[3]

Die Begriffe lassen sich also durch den Zeitfaktor klar voneinander trennen.

2.2 Was ist „Risiko"?

„Im alltäglichen Verständnis kann sich der Begriff [Risiko] auf eine drohende Gefahr, einen Einsatz im Glücksspiel, ein überraschendes Naturereignis oder ganz allgemein auf einen Schicksalsschlag beziehen."[4] Risiko kann eine Vielzahl von Bedeutungen haben, aber es haben sich zwei erkenntnistheoretische Grundhaltungen entwickelt, die den Sinngehalt klar unterscheiden.

Das **objektivistische Konzept** geht davon aus, dass die Naturrisiken Teil des Lebens sind. Dabei können Naturrisiken grundsätzlich berechenbar und zugleich technisch kontrollierbar sein. Allein die Berechenbarkeit von Risiken ist eine relevante Voraussetzung für Versicherungen. Dadurch können den geographischen Orten jeweils genau Risiken zugeordnet und Eintrittswahrscheinlichkeiten ermittelt werden. Das Risiko kommt von außen bzw. aus der Natur über den Betroffenen zum Ausbruch. Beim **konstruktivistischen Konzept** dagegen stellt der Mensch selbst durch seine Wahrnehmung und Aktion das Risiko her. Um Ziele zu durchzusetzen, riskiert der Mensch etwas und geht damit Gefahren ein.[5]

---

[2] KUTTLER (2009): 15
[3] KRAUS, EBEL (2003): 179
[4] MÜLLER-MAHN (2007): 4
[5] MÜLLER-MAHN (2007): 5

2.3 Zentrale Begriffe

Unter dem Begriff „**Naturereignis**" versteht man das tatsächliche Ereignis, wie zum Beispiel Hagel, Sturm oder Hochwasser. Aus einem Naturereignis wird genau dann eine **Katastrophe**, wenn Menschen sterben oder (Sach-)Schäden entstehen. Der Ausdruck „Hazard" verkörpert **Naturgefahr** und **Naturrisiko** in einem. Die physische Geographie versteht unter **Gefahr** die denkbare Möglichkeit, dass beispielsweise ein atmosphärischer Prozess aus seinem Gleichgewicht fällt.

Ohne den Menschen und seine Ansammlung von Wertgegenständen in seinem Zuhause, kann kein Schaden entstehen. Durch seine Nutzungsentscheidung sich Niederzulassen geht der Mensch ein Wagnis ein, er riskiert dabei Opfer einer Naturgewalt zu werden. In der Mathematik oder in der Versicherung versteht man unter dem **Risiko** (risk) die Eintrittswahrscheinlichkeit, die sich aus dem Produkt Frequenz (Häufigkeit) und Magnitude (Stärke) zusammen setzt. Schlussfolgernd lässt sich also sagen, dass das Risiko im Gegensatz zur Gefahr vom Menschen gemacht ist.[6]

3. Risiken des Wetters und regionale Schadenspotentiale

3.1 Lokale Unwetter

Unter lokalen Unwettern versteht man das Auftreten von **Gewittern**, die von Blitzen, Starkniederschlägen und Überschwemmungen, Hagel sowie Tornados begleitet werden können. Lokale Unwetter treten im Vergleich zu Winterstürmen ganzjährig auf und sind am häufigsten in den Sommermonaten vorzufinden. Trotz ihrer lokalen Begrenztheit, verursacht diese Form bei den einzelnen Versicherungsunternehmen Schäden von mehreren Milliarden Euro.[7] In Deutschland herrschen pro Jahr im Durchschnitt 20 bis 25 Gewittertage[8] und man geht davon aus, dass es weltweit pro Minute 2000 bzw. pro Tag 3 Mio. Blitzentladungen gibt.[9]

---

[6] POHL, GEIPLER (2002): 5
[7] ABSMAIER (2007): 13
[8] ALLER, KOZLOWSKI (2008): 13
[9] HÄCKEL (2008): 144

3.1.1 Entstehung

Gewitter entstehen in hochreichenden, dichten Cumulonimbuswolken, die sich wiederrum aus Cumuluswolken bilden. In der Gewitterwolke herrschen starke Auf- und Abwinde (siehe Abb. 2 Schematisches Diagramm des Inneren einer Gewitterzelle). Über einem wolkenlosen Himmel kann sich die Luft z.B. über einer Stadt durch Sonneneinstrahlung am Tag stärker als im Umland erwärmen. Durch Konvektion (= vertikaler Aufstieg von Warmluft) steigt nun die warme Luft in die Höhe und es entstehen dabei Aufwinde. Damit sich eine große Gewitterwolke ausbilden kann, benötigt es eine labile Luftschichtung, genügend feuchtwarme Luftmassen (latente Wärme), die rasch aufsteigen, sowie eine

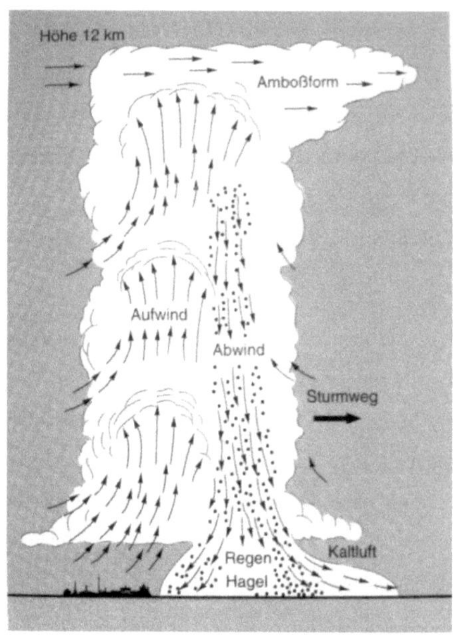

Abbildung 2 Schematisches Diagramm des Inneren einer Gewitterzelle (STRAHLER, STRAHLER (2002): 134)

rasche Abkühlung in der Höhe.[10] Gewitterstürme besitzen einzelne Zellen, in denen die aufsteigenden Luftblasen ständig Luft aus der Umgebung innerhalb der Aufstiegszone hereinziehen. Die Wachstumsraten der Cumolonimbuswolke lassen dann nach, wenn ein Aufstieg von sechs bis zwölf Kilometern erreicht ist. Im obersten Stockwerk der Wolke wird an der Leeseite eine Amboßform ausgebildet. Im obersten Stockwerk fallen Eispartikel nach unten, aus dem Niederschlag Eis entsteht weiter unten Regen. Durch den schnellen Fall in nächster Nähe zu den aufsteigenden Luftmassen, kommt es zur Reibung und zum Einsetzen von Abwinden. Der Abwind trifft mit dem starken Regen auf den Boden, wobei Gewitterböen erzeugt werden.[11]

Gewitter lassen sich wie folgt klassifizieren:

- **Einzelzellengewitter** haben eine Lebensdauer von 30-60 Minuten und bilden kaum Unwetter

---

[10] ALLER, KOZLOSWKI (2008): 13
[11] STRAHLER, STRAHLER (2002): 132ff

- **Multizellengewitter:** Das Gewitter entsteht aus mehreren Zellen und lebt länger als Einzelgewitter.

- **Superzellengewitter:** Die Windgeschwindigkeit ist hier am größten und mit der Höhe ändert sich zugleich die Windrichtung, sodass ein rotierender Aufwind erzeugt wird. Bemerkenswert sind die extremen Wetterereignisse Tornados oder Hagel.[12]

3.1.2 Schadensbeispiel Unwetterschäden

Bevor die lokalen Unwetterereignisse genauer beleuchten werden, soll an dieser Stelle ein kleines Szenario **eines normalen Unwetters** in einer mittelgroßen deutschen Stadt abgespielt werden, das die durchschnittlichen, volkswirtschaftlichen Kosten veranschaulichen soll:

- Gewitterdauer: ca. 1 Stunde

- Niederschlag mit einzelnen Überschwemmungen: 20 l/m²

- Blitze: ca. 40

- Hagel: 3 min.

- Windböe: nur 50 km/h

Schadensbilanz:

- Keine Sturmschäden

- Überschwemmte Keller: 30 000 €

- Überspannungsschäden in 30 Haushalten: 20 000 €

- Hagelschäden an PKWs: 200 000 €

- 48 h Produktionsausfall in kleinem Gewerbebetrieb: 15 000 €

- Einsatzstunden Polizei und Feuerwehr: 10 000 €

- Haushaltsreinigung: 16 000 €

Gesamtschäden: ca. 300 000 €

Deutschland: 80 Gewitter x 20 Tage x 300 000 € Kosten = 480 Mio. €[13]

3.1.3 Blitz

Damit aus einem lokalen Sturm ein Gewitter wird, bedarf es Blitze, die oftmals von Donnern begleitet werden können. Die gewaltigen elektrischen Entladungen benötigen zunächst

---

[12] ABSMAIER (2007): 13f
[13] ALLER, KOZLOSWKI (2008): 12

starke elektrische Felder, die voneinander getrennt sind. Bei den Auf- und Abwinden (s.o.) kommt es an den Grenzen zur Reibung, wodurch die Wasser- und Eispartikel aufgeladen werden.[14]

Die Blitze zählen zu den Hauptverursachern natürlicher Brände, welche für die Vernichtung von Wäldern und sogar Gebäuden verantwortlich sind (siehe Abb. 4 Blitze).[15] In der Zuordnung werden Blitze in der Versicherungsbranche nicht zu den Naturgefahren gezählt, sondern sind durch die Feuerschutzversicherung abgedeckt. Durch einen Blitzeinschlag kann es zu Feuer- und Überspannungsschäden kommen (siehe Abb. 3 Blitzschaden). Die Kantonale Gebäudeversicherung (KGV) in der Schweiz hat einen jährlichen Anteil an Feuerschäden von 40%, was in der jährlichen Feuerschadensumme aber nur einen Anteil von 6% ausmacht. [16]

Abbildung 3 Blitzschaden (ALLER, KOZLOWSKI (2008): 13)

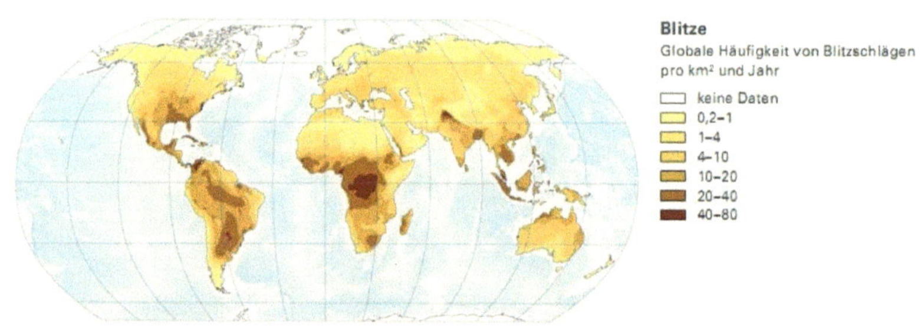

Abbildung 4 Blitze (http://www.munichre.com/publications/302-05971_de.pdf)

---

[14] KRAUS, EBEL (2003): 97
[15] ALGERMISSEN (1998): 12
[16] ALLER, KOZLOSWKI (2008): 13

3.1.4 Sturm

Nicht nur in Winterstürmen kommt es zu starken Sturmschäden, sondern auch in Gewitterzellen (s.o.).[17] Die Abwinde bzw. Fallwinde (Downdrafts) treffen aus der Höhe auf den Erdboden und werden dort so umgelenkt, dass daraus starke Horizontalwinde werden, dann spricht man von Downbursts.[18] Die Meteorologie klassifiziert Winde nach ihrer Geschwindigkeit in der **Beaufort-Skala** (siehe Abb. 5). Dabei wird der Sturm und dessen Geschwindigkeit als Beaufort-Skala 9 bezeichnet. In der Versicherung unterscheidet man zwei Windgeschwindigkeiten:

- Mittlere Windgeschwindigkeit
- Böenspitzen

Mittlere Windgeschwindigkeiten von 75 km/h treten eher selten auf, dagegen kann man bei einem Gewitter mit maximalen Böen von 75 km/h davon ausgehen, dass diese jährlich häufiger auftreten können. Interessant ist dabei, dass die Versicherungsbranche ihre Werte dabei anders festlegt als es die Meteorologie. In der Schweiz bezahlt die KGV ihren Versicherten bei Sturmereignissen schon ab der Windgeschwindigkeit von Beaufort 8 (ab 62 km/h) deren Schäden aus oder wenn mehrere Gebäude beschädigt sind, also ein Kollektivschaden vorherrscht. Die Meteorologie definiert dabei den Sturm erst ab der Windgeschwindigkeit von Beaufort 9 (ab 75km/h). Die Stürme sind an 45% aller Elementarschadenfälle und nur an 25 % der jährlichen Elementarschadensumme der KGV beteiligt.[19]

Beaufort-Skala					
Bft	Bezeichnung	Mittlere Windgeschwindigkeit (10-Minuten-Mittel)				Winddruck
		m/s	km/h	Landmeilen/h	Knoten	kg/m²
0	Windstille	0 – 0,2	0 – 1	0 – 1	0 – 1	0
1	Leiser Zug	0,3 – 1,5	1 – 5	1 – 3	1 – 3	0 – 0,1
2	Leichter Wind	1,6 – 3,3	6 – 11	4 – 7	4 – 6	0,2 – 0,6
3	Schwacher Wind	3,4 – 5,4	12 – 19	8 – 12	7 – 10	0,7 – 1,8
4	Mäßiger Wind	5,5 – 7,9	20 – 28	13 – 18	11 – 15	1,9 – 3,9
5	Frischer Wind	8,0 – 10,7	29 – 38	19 – 24	16 – 21	4,0 – 7,2
6	Starker Wind	10,8 – 13,8	39 – 49	25 – 31	22 – 27	7,3 – 11,9
7	Steifer Wind	13,9 – 17,1	50 – 61	32 – 38	28 – 33	12,0 – 18,3
8	Stürmischer Wind	17,2 – 20,7	62 – 74	39 – 46	34 – 40	18,4 – 26,8
9	Sturm	20,8 – 24,4	75 – 88	47 – 54	41 – 47	26,9 – 37,3
10	Schwerer Sturm	24,5 – 28,4	89 – 102	55 – 63	48 – 55	37,4 – 50,5
11	Orkanartiger Sturm	28,5 – 32,6	103 – 117	64 – 72	56 – 63	50,6 – 66,5
12	Orkan	>32,6	>117	>72	>63	>66,5

Abbildung 5 Beaufort-Skala (http://www.munichre.com/publications/302-05971_de.pdf)

---

[17] ALLER, KOZLOSWKI (2008): 14
[18] KRAUS, EBEL (2003): 119f
[19] ALLER, KOZLOSWKI (2008): 13f

3.1.5 Starkregen und Überschwemmung

Starke Niederschläge in einem Gewitter führen dazu, dass das Wasser nicht mehr in den Boden versickern kann, weil der Boden schon vorgesättigt ist oder die Intensität des Niederschlags zu hoch ist. Das Wasser fließt dann direkt über Straßen und Wiesen, sodass es zu Überschwemmung einiger Keller kommen kann (**Sturzfluten**). Die Überschwemmung trägt 15 % aller Elementarschadenfälle und 25 % der jährlichen Elementarschadensummen der KGV.[20]

3.1.6 Hagel

Hagel entsteht zum einen in Wärmegewittern, die lokal begrenzt sind, und zum anderen in Kaltfrontgewittern, die deutlich weiträumiger sind. **Wärmegewitter** herrschen im Sommer vor und werden dadurch ausgelöst, dass feuchte, warme Luft am Boden durch die Einstrahlung der Sonne labialisiert wird, wodurch die Konvektion beginnt. **Kaltfrontgewitter** bilden sich vor Kaltfronten und zwar dadurch, dass die Kaltfront sich wie ein Keil unter die Warmfront schiebt und diese zum Aufsteigen zwingt. Aus Cumuluswolken werden durch die Kondensation in der Höhe die Cumolonimbuswolken.[21]

Abbildung 6 extrem großes, rundes, schalenförmiges Hagelkorn (ALLER, KOZLOWSKI (2008): 16)

Der Niederschlag Hagel, der sich aus Eisklumpen zusammensetzt, fällt aus Gewitterwolken herab. Gebildet wird dieser in den feuchten, rasant ansteigenden Aufwinden. Durch das Auf- und Absteigen von Graupelteilchen können sich im Wolkenstockwerk mit unterschiedlichen Temperaturen Wasser und Eis daran binden, wodurch sich die schalenförmige und

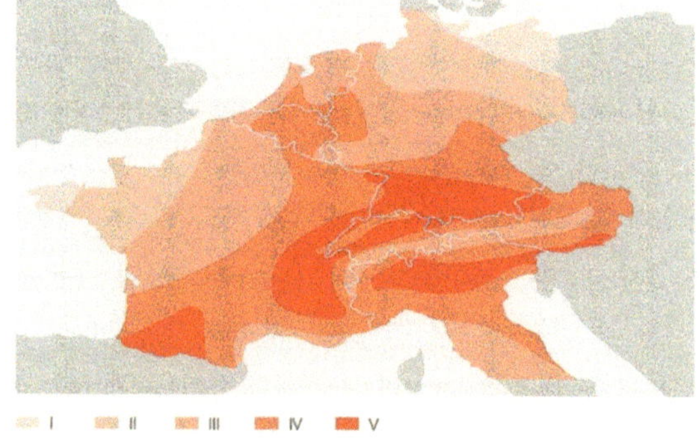

Abbildung 7 Hagelschadengefährdung für verschiedene Länder Europas (ALLER, KOZLOWSKI (2008): 18)

---

[20] ALLER, KOZLOWSKI (2008): 14f
[21] HÄCKEL (2008): 139f

äußerst feste Struktur des Hagelkorns ausbildet (siehe Abb. 6 Hagelkorn). Die Hagelhauptsaison ist dabei von Juni bis August (siehe Abb. 7 Hagelgefährdung für verschiedene Länder Europas). Ab 5 mm Durchmesser spricht man von Hagelkörnern, darunter von Graupel. Betracht man das Schadenspotential, treten erste Schäden ab einem Durchmesser von 10 mm auf. Bei der GKV ist Hagel an 30 % aller Elementarschadenfälle und an 40 % der jährlichen Elementarschadensumme beteiligt. Zu beachten ist jedoch, dass das Hagelpotential in großräumig tätigen Versicherungen kleiner als das Sturmpotential ist. Daher ist das Hagelpotential bei der KGV größer als das Sturmpotential.[22]

3.1.7 Tornado

Treffen kalte, trocken Luftmassen auf warme, feucht Luftmassen, dann kann sich innerhalb eines Gewitters ein Tornado bilden. In dem kleinräumigen Sturmsystem kommt es zu starken vertikalen Luftbewegungen. Warmluft steigt nach oben, rotiert und wird durch die Corioliskraft ähnlich wie beim tropischen Wirbelsturm abgelenkt. Innerhalb des Tornados fällt die kalte Luft (dichter und schwerer) nach unten (siehe Abb. 8 Entstehung eines lokalen Sturms (Tornado).[23]

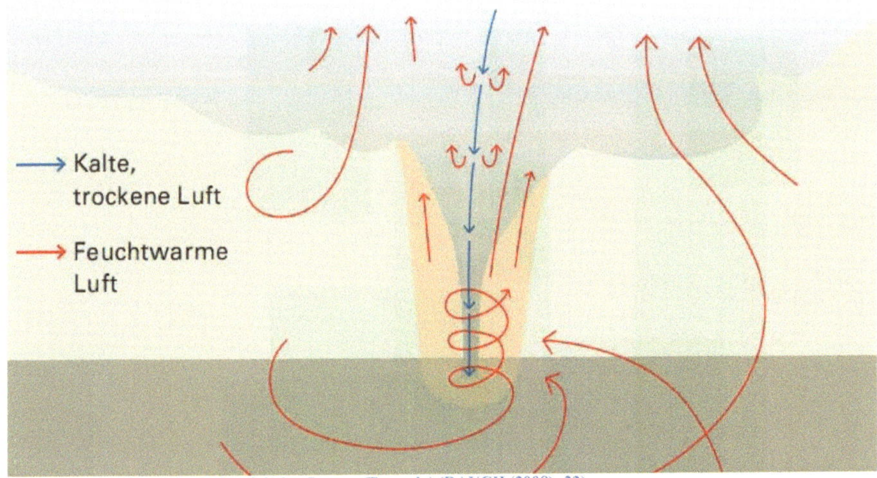

Abbildung 8 Entstehung eines lokalen Sturms (Tornado) (RAUCH (2008): 23)

---

[22] ALLER, KOZLOWSKI (2008): 15ff
[23] RAUCH (2008): 23

Der Luftwirbel, der von der Wolkenunterseite bis zur Erdoberfläche bzw. Wasseroberfläche reicht, bildet sich mit seiner meist senkrechten Achse in Superzellengewitter aus. Der Rüssel ist wegen dem Staub und den Wassertropfen meist sichtbar.[24] Die Zuggeschwindigkeit liegt dabei bei durchschnittlichen 50 bis 100 km/h und die Lebensdauer liegt bei maximal einer Stunde.[25] In Japan wird der Tornado als Tatsumaki und in Deutschland als Trombe bezeichnet, weil sein Aussehen rüsselartig und trompetenförmig erscheint, sowie Wasserhose, wenn er sich über Wasseroberflächen bildet.[26]

Tornados treten zwar nur lokal auf, hinterlassen aber häufig massive Schäden. In der Versicherung zählen die Tornadoschäden zu den Sturmschäden.[27] Weltweit kommen Tornados in den geographischen Breiten zwischen 20° - 60° vor (siehe Abb. 9 Tornado weltweit).[28]

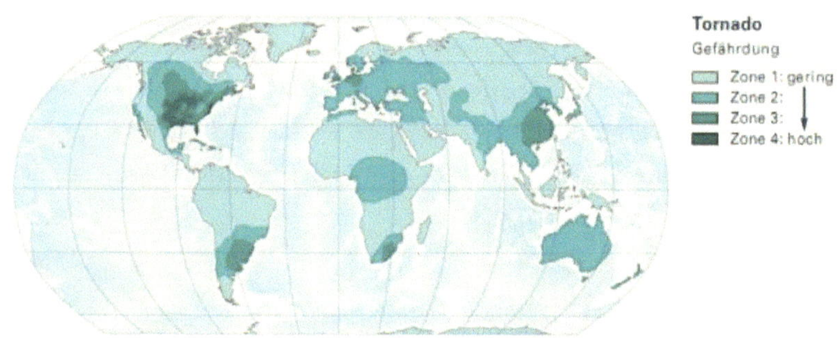

Abbildung 9 Tornado weltweit (http://www.munichre.com/publications/302-05971_de.pdf)

Jedes Jahr werden in Deutschland zehn Tromben beobachtet, eine Schätzung geht dabei von 30 Tromben aus.[29]

---

[24] ALLER, KOZLOSWKI (2008): 19
[25] ABSAMAIER (2007): 14
[26] RAUCH (2008): 23
[27] ALLER, KOZLOWSKI (2008): 18f
[28] RAUCH (2008): 23
[29] ABSMAIER (2007): 15

3.2 Außertropische Sturm

In Mitteleuropa verursachen jedoch nicht nur
die lokalen Unwetter große Schäden, sondern auch
die außertropischen Stürme. Dieser Sturmtyp
kommt vor allem im Winterhalbjahr vor und wird
deswegen auch als Wintersturm bezeichnet.[30]

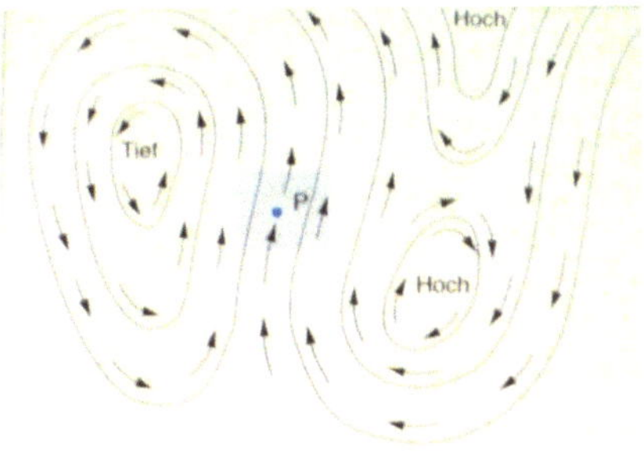

Außertropische Stürme bilden sich im Über-
gangsbereich zwischen den polaren und subpola-
ren Klimazonen (35° – 70° geographische
Breite).[31] In der Polarfrontzone treffen polare

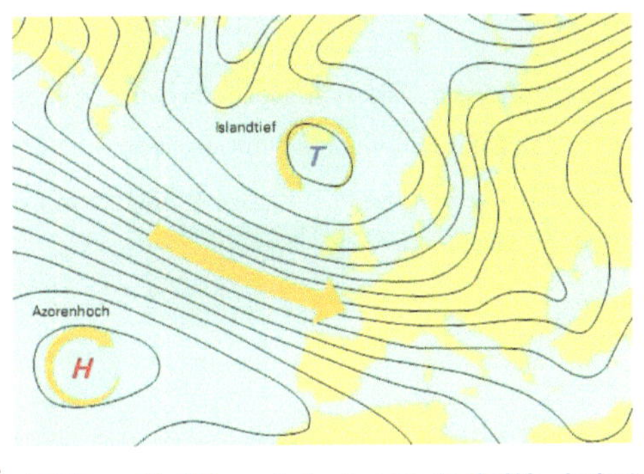

Abbildung 10 Windrichtung zwischen Hoch und Tief (STRAH-
LER, STRAHLER (2002): 109)

Kaltluft und subpolare Warmluft aufeinander. Die schwerere Kaltluft bewegt sich aufgrund
des Ausgleichssystems bodennah Richtung Süden und in der Höhe bewegt sich die Warmluft
Richtung Norden. Beim Aufeinandertreffen kommt es zu Verwirbelungen, wobei der Luft-
druck fällt. Die Kaltluft, die schneller ist, kann die Warmluft einholen, dabei entstehen Wirbe-
lungen (Okklusion). Innerhalb dieses
Tiefdruckwirbels steigt die Sturmintensi-
tät proportional mit dem Temperaturun-
terschied der Kalt- und Warmluftmasse.[32]
Am Temperaturgefälle in der Polarfrontzone bilden sich zwischen Hoch- und
Tiefdruck zugleich noch starke Höhen-
winde namens Jetstreams aus (siehe Abb.
10 Windrichtung zwischen Hoch und
Tief). Winterstürme erreichen absolute
Windgeschwindigkeiten zwischen 150 und

Abbildung 11 Höhenwetterkarte vom 26.12.1999 „Lothar“
(BRESCH (2000): 6)

200 km/h. Die entstandenen Schäden sind dabei moderat zu bewerten, die Anzahl der Scha-
densfälle aber ist meist sehr hoch.[33]

---

[30] BEDACHT (2008): 40f
[31] ALGERMISSEN (1998): 10
[32] RAUCH (2008): 21
[33] BEDACHT (2008): 41

Ein intensives Jahr war zum Beispiel der Zeitraum 26. – 28.12.1999 als die Stürme Lothar und Martin Europa heimgesucht haben. In den Straßen von Paris wurden Böenspitzen des Wintersturms Lothar von bis zu 170 km/h gemessen. Wintersturm Martin durchquerte ca. 200 km weiter südlich als Lothar Frankreich und hatte Böenspitzen von bis zu 160 km/h. Zwischen Islandtief und Azorenhoch bildete sich ein starkes Druckgefälle und daher kann es zu einer starken Westströmung (siehe Abb. 11 Höhenwetterkarte vom 26.12.1999 „Lothar") sowie zur Ausbildung von intensiven Höhenwinden (Jetstreams). Das Islandtief „Kurt" ist zwar für die Winterstürme Lothar und Martin zuständig gewesen, Schäden wurden jedoch ausschließlich durch die Winterstürme erzeugt.[34] „Lothar" verursachte volkswirtschaftliche Schäden von ca. 11,5 Milliarden €, von denen 50% versichert waren. Der Freizeitpark Disneyland Paris war dabei das populärste Opfer und musste wegen Schäden einige Tage geschlossen bleiben. „Martin" verursachte volkswirtschaftliche Schäden von ca. 4 Milliarden €. Insgesamt hinterließ diese Sturmserie einen volkswirtschaftlichen Schaden von 15,5 Milliarden €, von denen 8,4 Milliarden € versichert waren und kostete insgesamt 140 Menschen das Leben. Hauptgeschädigter war dabei Frankreich neben Spanien, Schweiz, Italien und Deutschland.[35]

Zusammenfassend lässt sich sagen, dass der Wintersturm Lothar der teuerste Sturm für die Volkswirtschaft von 1980 bis 2008 war. Danach auf Platz 2 „Kyrill", der von 18. - 20.1.2007 wütete und zugleich der letzte große Wintersturm für Europa war (siehe Abb. 12 Bedeutende Winterstürme Europa 1980 – 2008).

---

[34] BRESCH (2000): 6f
[35] HÖPPE (2005): 29f

Die 10 teuersten Stürme für die Volkswirtschaft

Datum	Wintersturm	Gebiet	Gesamt-schäden* (Mio US$)	Versicherte Schäden* (Mio US$)	Todes-opfer
26.12.1999	Lothar	bes. Frankreich, Deutschland	11.500	5.900	110
18.-20.1.2007	Kyrill	bes. Großbritannien, Deutschland	10.000	5.800	49
25.-26.1.1990	Daria	West-, Nord-, Osteuropa	6.900	5.100	94
7.-9.1.2005	Erwin (Gudrun)	bes. Nordeuropa	5.800	2.600	18
27.-28.12.1999	Martin	Frankreich. Spanien. Schweiz	4.100	2.500	30
15.-16.10.1987	87J	bes. Großbritannien	3.900	3.100	18
25.-27.2.1990	Vivian	Europa	3.200	2.100	52
3.-4.12.1999	Anatol	bes. Dänemark	3.000	2.400	20
26.-30.10.2002	Jeanett	bes. Deutschland, Großbritannien, Niederlande	2.600	1.700	37
28.2.-1.3.1990	Wiebke	West-, Südeuropa	2.300	1.300	64

* Originalwerte

Stand: Januar 2009

Abbildung 12 Bedeutende Winterstürme Europa 1980 - 2008

(http://www.munichre.com/app_pages/www/@res/pdf/ts/geo_risks/natcatservice/significant_natural_disasters/MR_N atCatSERVICE_significant_winter_storms_europe_overall_losses_de.pdf)

3.3 Überschwemmung

Man unterscheidet bei der Überschwemmung drei Haupttypen, denen jeweils unterschiedliche Ursachen zugrunde liegen:

- **Sturmfluten** ereignen aus dem Zusammenspiel von Gezeiten und Stürmen. An Meeresküsten oder großen Seen drücken Sturmwinde das Wasser lange Zeit gegen die Küsten oder Dämme. Sobald es zur Flut (Gegensatz: Ebbe) kommt, steigt der Wasserstand und somit kann das Wasser ins Landesinnere eindringen (Überflutung). Hoher Wellengang fördert diese Situation. Problematisch wird es vor allem dann, wenn hinter Dämmen tiefer gelegene Bereiche ohne Entwässerungskanäle liegen, weil das Meerwasser nach der Überflutung keinen Weg zurück ins Meer findet.[36]
- **Flussüberschwemmungen** kommen dadurch Zustande, dass es ausgedehnt, tage- bis wochenlang auf ein großes Gebiet abregnet. Der Niederschlag fließt dann direkt in die Gewässer, wenn der Boden durch den langen Regen gesättigt ist oder wenn der Boden gefroren ist. Flussüberschwemmungen können sich in kurzer Zeit ausbilden und können mehrere Tage bis Wochen anhalten.[37]
- **Sturzfluten** (siehe lokale Unwetter)

---

[36] HAUSMANN (1998): 11
[37] KRON (2005): 10

3.3.1 Ursachen für Flussüberschwemmungen

Überschwemmungen an Flüssen zählen zu den häufigsten Naturkatastrophen. Aber was sind eigentlich die **Ursachen** dafür, dass es in Mitteleuropa zur Überschwemmung kommt?

1. Zunächst einmal benötigt es den **Niederschlag** in Form von Regen oder sogar Schnee für die Hochwasserbildung, dessen Höhe und Dauer, sowie die räumlich und zeitliche Verteilung.[38]

   In einem **kleinen** Einzugsgebiet können schon durch lokale Unwetter mit Starkniederschlägen aus Bächen reißende Strömungen werden (Sturzflut). In einem **großen** Einzugsgebiet benötigt es dagegen schon deutlich intensiveren, großflächigeren und länger anhaltenden Niederschlag, damit ein Hochwasser entsteht. Dabei unterscheidet man zwei Phasen:

   - In der Vorregenphase füllt sich langsam der Bodenwasserspeicher, wodurch die Abflussbereitschaft des Einzugsgebiets steigt.
   - In der zweiten Phase kann nun der im Anschluss fallende Starkniederschlag nicht mehr versickern und muss notgedrungen oberirdisch, direkt in das Gewässer abfließen.[39] Im Winter kann der direkte Abfluss durch gefrorenen Boden gefördert und im Frühling kann die Wassermenge durch Schneeschmelzen in den Hoch- und Mittelgebirgen erhöht werden.[40]

2. Ein weiterer Faktor ist das **Gebietsrückhaltevermögen**, welche den direkten Abfluss bestimmt, dazu zählen Vegetation, Boden, Gelände und Form des Gewässernetzes sowie Versiegelunsgrad.

   - Je dichter und höher die Vegetation ist, desto mehr Niederschlag kann gespeichert werden.
   - Je humoser ein Boden ist, desto mehr Niederschlag kann der Boden wie ein Schwamm aufsaugen.
   - Je flacher das Gelände, desto mehr Oberflächenwasser kann sich im Flächenrückhalt ansammeln.

---

[38] RUDOLF, MALITZ (2008): 54
[39] MÜLLER, BISTRY (2008): 21f
[40] POHL (2002): 31

- Je stärker eine Fläche versiegelt ist, desto weniger Niederschlag wird im Einzugsgebiet zurückgehalten und desto eher wird die Abflussbildung beschleunigt.[41]

3.3.2 Europa 2002: Überschwemmungen

Vom 12.08 bis 20.08.2002 herrschten in ganz Europa starke Überschwemmungen. Die heftigsten Überschwemmungen waren vor allem im Donau- und Elbegebiet vorzufinden und am stärksten wurden Teile Deutschlands, Österreich und die Tschechische Republik getroffen (siehe Abb.13 Hochwasser Europa 2002). Am stärksten erwischte es in Deutschland das Bundesland Sachen und dessen Hauptstadt Dresden (siehe Abb. 14 Luftbild Dresden am 17.08.2002). Ursache für diese Überschwemmungskatastrophe waren tagelange Regenfälle. Aufgrund der starken Überschwemmung kam es nicht nur an den flussnahen Bereichen zu großen Schäden, sondern auch dort, wo man keine Flutexponierung erwartete. Aus Bächen entwickelten sich beispielsweise im Erzgebirge reißende Strömungen (Sturzfluten). 2002 kam es sogar zu Rekordwasserständen an der Elbe.[42]

Zur Schadensbilanz lässt sich folgendes sagen: Die Überschwemmung 2002 zählt zu den teuersten Überschwemmungskatastrophe, die Europa je erfasst hat und daher zählt man diese Überschwemmung 2002 zu den Jahrhunderthochwassern (siehe Exkurs: 100-jährliches Hochwasser). Die volkswirtschaftlichen Schäden belaufen sich auf 16,5 Mrd. €, davon waren lediglich 3,4 Mrd. € versichert, und es kamen 39 Menschen ums Leben (siehe Abb. 15 Bedeutende Überschwemmungen 1980 – 2008).

Abbildung 13 Hochwasser Europa 2002 (HÖPPE (2005): 41)

Abbildung 14 Luftbild Dresden am 17.08.2002 (HÖPPE (2005): 42)

---

[41] MÜLLER BISTRY (2008): 26f
[42] HÖPPE et al. (2005):41

Die 10 teuersten Überschwemmungen für die Volkswirtschaft

Datum	Schadenereignis	Gebiet	Gesamt-schäden* (Mio US$)	Versicherte Schäden* (Mio US$)	Todes-opfer
Mai-Sep. 1998	Überschwemmungen	China	30.700	1.000	4.159
27.6.-13.8.1996	Überschwemmungen	China	24.000	445	3.048
27.6.-15.8.1993	Überschwemmungen	USA	21.000	1.300	48
12.-20.8.2002	Überschwemmungen, Unwetter	Europa	16.500	3.400	39
24.7.-18.8.1995	Überschwemmungen	Nordkorea	15.000		68
Mai-Sep. 1991	Überschwemmungen	China	13.600	410	2.628
21.6.-20.9.1993	Überschwemmungen	China	11.000		3.300
Juni 2008	Überschwemmungen	USA	10.000	500	24
4.-6.11.1994	Überschwemmungen, Sturzflut	Italien	9.300	65	68
13.-20.10.2000	Überschwemmungen, Erdrutsche	Europa	8.500	470	38

* Originalwerte

© 2009 Münchener Rückversicherungs-Gesellschaft, GeoRisikoForschung, NatCatSERVICE

Stand: Januar 2009

Abbildung 15 Bedeutende Überschwemmungen 1980 - 2008

(http://www.munichre.com/app_pages/www/@res/pdf/ts/geo_risks/natcatservice/significant_natural_disasters/MR_N atCatSERVICE_significant_floods_overall_losses_de.pdf)

3.3.3 Exkurs: Was ist ein 100-jährliches Hochwasser?

Ein 100-jährliches Hochwasser kann man als ein Hochwasser (Abfluss an einer bestimmten Flussstelle) bezeichnen, welches im langjährigen Mittel einmal in 100 Jahren (Wiederkehrperiode) auftritt. In 1000 Jahren sollte also ein 100-jährliches Hochwasser etwa zehnmal erreicht werden.[43]

4. Entwicklung der Naturkatastrophen und deren Probleme für Versicherungen und Volkswirtschaften

In den letzten Jahrzenten sind Naturkatastrophen und gerade Wetterkatastrophen extrem angestiegen. Jedoch gibt es keine Entwarnung vor weiteren Katstrophen, dies wurde zumindest in der letzten Veröffentlichung des UN-Weltklimarates IPCC 2007 berichtet.[44]

4.1 Schadensverteilung nach Risiken

Die Naturkatastrophen steigen und Wissenschaft, Wirtschaft, Politik und Bevölkerung glauben, dass dies die ersten Anzeichen für den Klimawandel darstellen. Die Versicherungs-

---

[43] ABSMAIER (2007): 24
[44] HÖPPE, LOSTER (2007): 26

18

wirtschaft dokumentiert indes sehr genau die sich ereigneten Katstrophen. Die Münchener Rück hat zum Beispiel verschiedene Statistiken und Analysen über Naturkatastrophen herausgebracht, die im Anschluss präsentiert und erklärt werden:

Zunächst einmal werden in diesem Zusammenhang die **weltweiten Naturkatastrophen** genauer beleuchtet. Zwischen 1980 und 2004 haben sich etwa 14000 Naturkatastrophen ereignet. Lediglich 15% der Naturkatastrophen wurden durch die endogenen Kräfte der Erde hervorgerufen, dazu zählen Erdbeben, Vulkanausbrüche und Tsunamis. Der große Anteil von 85% geht dabei auf extreme Wetterereignisse zurück (siehe Abb. 16 Global impacts of natural disasters from 1980 to 2004). Die meisten Menschen kamen zwar durch die nicht-wetterabhängigen Katstrophen (40%) ums Leben, aber 60% der Opfer teilen sich auf die verschiedenen Wetterkatastrophen auf. Dagegen kam es zu den höchsten Gesamtschäden durch Wetterextreme (1. Sturm, 2. Überschwemmung). Von den 1.825 Mrd. € Gesamtschäden waren nur 374 Mrd. € versichert, deshalb haben sich immense Verluste von 1.451 Mrd. € über die Jahre für die Gesamtwirtschaft aufsummiert.[45]

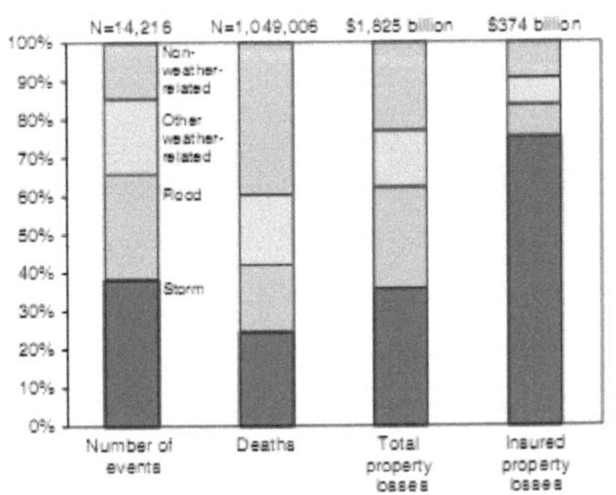

Abbildung 16 Global impacts of natural disasters from 1980 to 2004 (MILLS (2005): 1040)

Im gleichen Zusammenhang können nun die **Naturkatstrophen in Deutschland** betrachtet werden. Auch in Deutschland nehmen die Wetterrisiken (siehe Abb.17) den stärksten Anteil an Katstrophen ein. Im Zeitraum 1970 bis 2000 liegt der Anteil der Sturmereignisse bei 64%, wodurch 563 von 761 Menschen ums Leben kamen. Stürme über Deutschland verursachten auch den größten volkswirtschaftlichen Schaden von etwa 13 Mrd. €. Insgesamt gab es in Deutschland Gesamtschäden von 18 Mrd. € von denen bloß 7 Mrd. € versichert waren, wodurch sich unversicherte Verluste von 11 Mrd. € in diesem Zeitraum ereigneten. Nach den Stürmen zählen Überschwemmungen zu den zweihäufigsten Katastrophen. Sie kosteten etwa 106 Menschen das Leben und verursachten volkswirtschaftliche Gesamtschäden von etwa 3,4 Mrd. €.[46]

---

[45] MILLS (2005): 1040f
[46] BERZ (2002): 12f

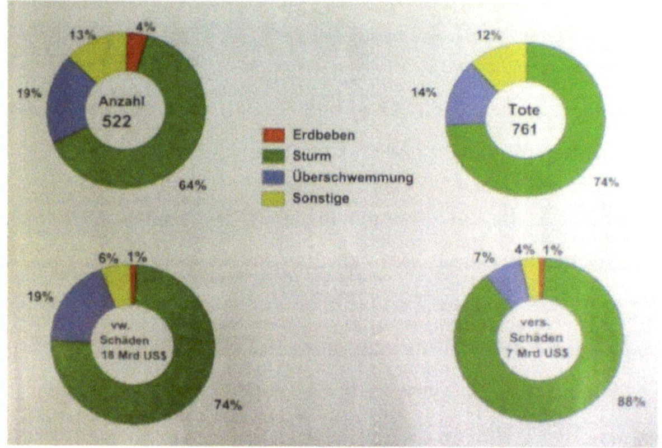

Abbildung 17 Naturkatastrophen Deutschland 1970 - 2000 (BERZ (2002): 13)

4.2 Die meistbetroffenen Länder im Jahr 2005

Der Globale Klima-Risiko-Index 2007 hat die meistbetroffenen Länder 2005 in einer Down10-Liste widergegeben (siehe Abb. 18). Dabei werden in der Gesamtbewertung unterschiedliche Indikatoren, wie zum Beispiel Summe der Todesopfer, Todesopfer pro 100.000 Einwohner, volkswirtschaftliche Gesamtschäden sowie Gesamtschäden pro BIP, verwendet, um eine Rangliste zu erstellen. Aufgrund der starken Hurrikan-Saison 2005 ist es nicht verwunderlich, dass Guatemala und USA die ersten beiden Plätze einnehmen und damit die am meisten betroffenen Länder darstellen. Guatemala ist deswegen auf Rang 1 gekommen, weil auf 100.000 Einwohner 5,87 Todesopfer kamen. Die relativen Indikatoren waren hierfür ausschlaggebend. USA kommt aufgrund der absoluten Indikatoren auf Platz 2. Sie haben mehr als 1500 Todesopfer und über 160 Mrd. $ Gesamtschäden. Wegen der hohen wirtschaftlichen Schäden und der großen Anzahl an Todesopfern sind auch die Schwellenländer Indien und China in der Down10 vertreten. Deutschland ist von 2004 auf 2005 sogar von Platz 33 auf Platz 37 abgestiegen. Schadenshöhe und Todesopfer sind vergleichbar mit dem Vorjahr und daher steht kaum eine Veränderung an.[47]

---

[47] HARMELING, BALS (2007): 7f

2005 (2004)[10]	Land	Index-Wert	Platzie-rung Summe Todes-opfer	Platzie-rung To-desopfer pro 100.000 Einwohner	Platzie-rung Ge-samt-schäden in KKP	Platzie-rung Ge-samt-schäden pro BIP	Anzahl der regist-rierten Ereig-nisse	Zum Ver-gleich: Platzie-rung HDI 2004[11]
1 (108)	Guatemala	5,50	6	1	11	4	4	118
2 (9)	USA	6,75	2	14	1	10	93	8
3 (22)	Rumänien	9,75	13	13	6	7	8	60
4 (13)	Indien	13,00	1	32	3	16	20	126
5 (19)	Vietnam	15,00	8	19	15	18	17	109
6 (14)	Haiti	16,25	18	6	30	11	7	154
7 (130)	Honduras	18,50	26	12	27	9	4	117
8 (5)	China	19,50	3	53	2	20	31	81
9 (115)	Bulgarien	20,75	40	26	12	5	3	54
10 (49)	Mexiko	21,75	17	53	4	13	15	53
11 (31)	Schweiz	22,00	36	21	14	17	16	9
14 (56)	Österreich	25,00	33	23	21	23	13	14
37 (33)	Deutschland	43,50	41	71	16	46	31	21

Abbildung 18 Klima-Risiko-Index für die Jahre 1996-2005 (HARMELING, BALS (2007): 12)

4.3 Zunahme der wetterbedingten Naturkatstrophen

Anzahl der Naturkatstrophen, Gesamtschäden durch Naturkatastrophen und prozentuale Verteilung der Naturkatastrophen zwischen 1950 und 2008 sind in den Abbildungen 19, 20 sowie 21 dargestellt. „Unter Berücksichtigung der Preisentwicklung ergibt sich insgesamt ein deutlicher Anstieg sowohl bei den Schadensummen als bei der Anzahl an der Sturmkatastrophen und den materiellen Folgen im Analysezeitraum 1950-[2008]. (…) Auffällig ist jedoch, dass bei der Veränderung der Anzahl großer Naturkatstrophen in den letzten Jahrzehnten (Abbildung [19]) insbesondere die atmosphärisch bedingten Ereignisse an Häufigkeit deutlich zugenommen haben, während geologische Großkatstrophen (Erdbeben, Vulkanismus) in ihren jährlichen Anzahl nahezu unverändert blieben."[48]

Die Münchener Rück hat dabei festgestellt, dass sich große Wetterkatastrophen in den letzten zehn Jahren mehr als drei Mal so oft ereignen wie noch vor 40 Jahren (siehe Abb. 22 Zunahme der Wetterkatastrophen in Dekaden). Die Gesamtschäden der Volkswirtschaft sind um das Siebenfache und die versicherten Schäden sogar um das 27-fache angestiegen. Die Versicherungsbranche muss heute also mit deutlich höheren Schadensummen kalkulieren als es noch vor 40 Jahren der Fall war.[49]

---

[48] RAUCH (2006): 2
[49] BERZ (2008): 5

Große Naturkatastrophen 1950 – 2008
Anzahl der Ereignisse mit Trend

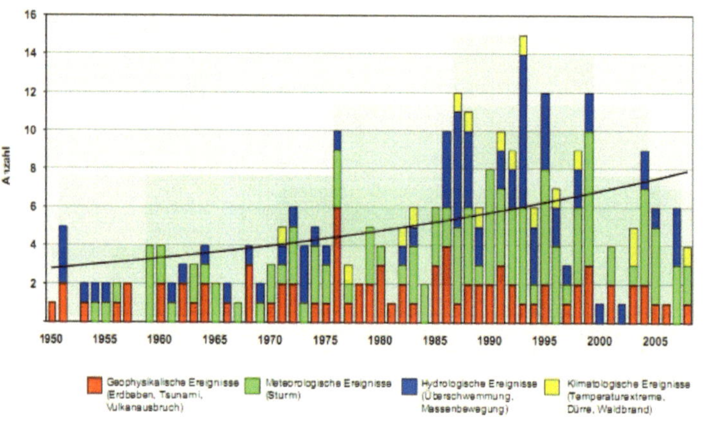

Abbildung 20Anzahl großer Naturgefahren

(http://www.munichre.com/app_pages/www/@res/pdf/ts/geo_risks/natcatservice/long-term_statistics_since_1950/MRNatCatSERVICE_1950-2008_Great_natural_catastrophes_Number_de.pdf)

Große Naturkatastrophen 1950 – 2008
Gesamtschäden und versicherte Schäden mit Trend

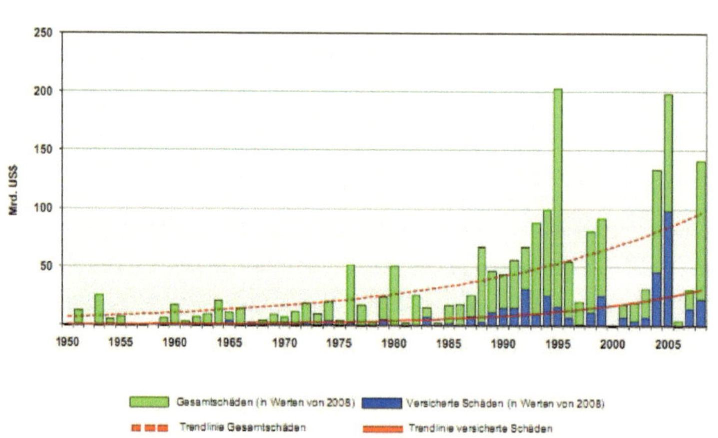

Abbildung 19 Schäden großer Naturgefahren

(http://www.munichre.com/app_pages/www/@res/pdf/ts/geo_risks/natcatservice/long-term_statistics_since_1950/MRNatCatSERVICE_1950-2008_Great_natural_catastrophes_Losses_de.pdf)

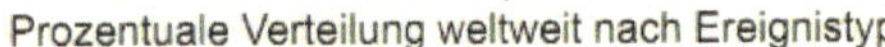

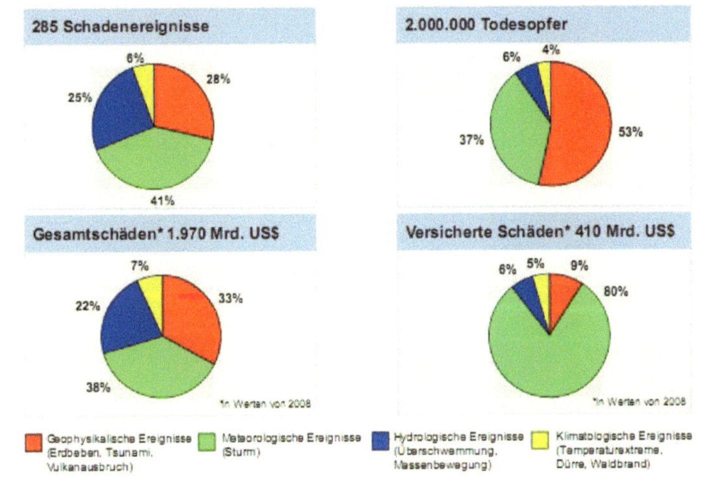

Abbildung 21 Prozentuale Verteilung der Naturkatastrophen

(http://www.munichre.com/app_pages/www/@res/pdf/ts/geo_risks/natcatservice/long-term_statistics_since_1950/MRNatCatSERVICE_1950-2008_Great_natural_catastrophes_Percentage_distribution_de.pdf)

	Dekade 1960-1969	Dekade 1970-1979	Dekade 1980-1989	Dekade 1990-1999	letzte 10 1998-2007		Faktor letzte 10:60er
Anzahl	16	29	44	74	37		2,6
Gesamt-schäden	67,1	94,4	150,7	511,1	486,0	Vergleich der letzten 10 Jahre mit 1960ern zeigt dramatischen Anstieg	7,2
Versicherte Schäden	7,2	14,5	28,1	121,7	199,2		27,7

Schäden in Mrd. US$ – in Werten von 2007

Abbildung 22 Zunahme der Wetterkatastrophen in Dekaden (BERZ (2008): 5)

In Zusammenhang mit der Entwicklung der Naturkatastrophen und deren Anstieg wird häufig das Thema Klimawandel erwähnt. Der ansteigende Trend der Naturkatastrophen (siehe Abb.19) läuft im direkten Vergleich parallel zum Anstieg der Globaltemperatur (siehe Abb. 23).[50]

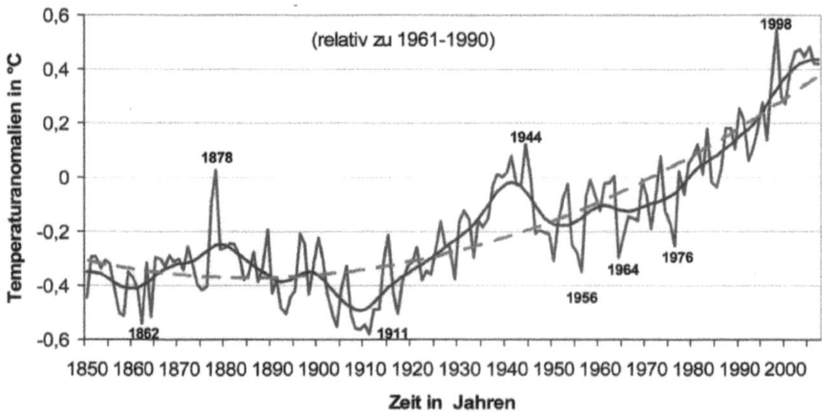

Abbildung 23 Globaltemperatur und Jahresanomalie 1850-2007 (SCHÖNWIESE (2008): 61)

Während die Versicherungs-branche mit steigenden Sturmakti-vitäten rechnet, gibt der NAO-Index (Nordatlantische Oszillation) derweilen Entwarnung für außer-tropische Stürme. Die Stärke der Westwinde über dem Nordatlantik wird durch den Luftdruckgegensatz zwischen Azorenhoch und Island-tief mit dem NAO-Index beschrie-ben. Ein kleinerer Gegensatz als normal bedeutet schwächere

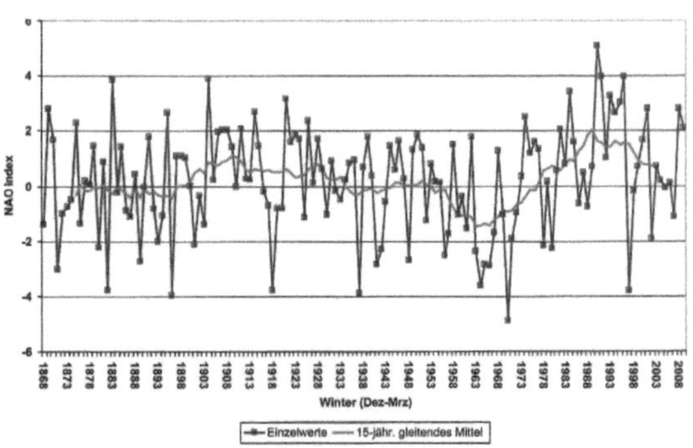

Abbildung 24 NAO-Index für Wintermonate (Dezember-März) im Zeitraum 1866-2008 (ROSENHAGEN (2008): 59)

Sturmaktivitäten und umgekehrt. Dabei wurde für die nordatlantische Zirkulation festgestellt, dass es keinen langzeitigen Trend gibt und dass von Jahr zu Jahr mit starken Schwankungen zu rechnen ist (siehe Abb. 24).[51]

---

[50] SCHÖNWIESE (2008): 61f
[51] ROSENHAGEN (2008): 59f

4.4 Gründe für die weltweiten Schadenszunahme

Die volkswirtschaftlichen Gesamtschäden durch Naturkatastrophen zwischen 1980 und 2004 belaufen sich auf 1.825 Mrd. € weltweit (siehe oben). Warum sind die Schäden jedoch weltweit in den letzten Jahren so stark angestiegen (vgl. Abb. 20). Die Begründung scheint recht simpel zu sein:

- Die Bevölkerung ist in den letzten Jahrzenten sehr stark angestiegen (Bevölkerungswachstum). Daher gibt es weltweit mehr Menschen, die in einem gefährdeten Raum leben, wodurch die Anzahl an Todesopfern natürlich erhöht ist.

- In Großstädten leben nicht nur mehr Menschen, sondern es sammeln sich dort auch immer mehr finanzielle Werte, zusätzlich zum gestiegenen Lebensstandard, an. Kommt es zu einem Wetterereignis und damit zu Schäden, fallen diese nun höher aus als in den Jahren davor. Dazu kommt noch, dass die immer moderner werdende Technologie auch deutlich schadensanfälliger ist.[52]

- Bevölkerung und Industrie besiedeln exponierte bzw. ungeschützte Regionen, wodurch sie wiederum Schadensanfälliger werden (Beispiel: Gebäude in Flussnähe oder in Auelandschaften).

- Durch die Konzentration von Bevölkerung und Werten in Großstädten, steigt dadurch auch die Versicherungsdichte.

- Ein weitere Aspekt sind die weltweit veränderten Umwelt- und Klimabedingungen.[53]

4.5 Exkurs: Was macht ein Rückversicherer?

„Rückversicherer tragen einen Teil der Risiken, die Erstversicherer von privaten oder gewerblichen Kunden übernehmen. Erstversicherer müssen sich rückversichern, weil im Schadenfall ihre finanzielle Belastung zu groß wäre. Das gilt sowohl bei der Versicherung großer Objekte - beispielsweise einem Kraftwerk - als auch für kleinere Objekte, z. B. das Dach eines Einfamilienhauses. Denn schon ein Wirbelsturm kann den eigentlich finanzierbaren einzelnen Schaden zu einem immensen Betrag multiplizieren, der den Ruin des Erstversicherers bedeuten könnte. Ein Rückversicherer übernimmt also Risiken entweder für den Einzelfall oder er beteiligt sich "en bloc", d. h. an einer Vielzahl von Einzelrisiken. Durch die Rückversicherung werden Risiken auf mehrere Schultern verteilt. Im Schadenfall zahlt der Rückversicherer seiner Risikobeteiligung entsprechend den Schadenbetrag an den Erstversicherer. Im

---

[52] HÖPPE, LOSTER (2007): 26
[53] BERZ (2008): 5

Gegenzug erhält der Rückversicherer - gemäß seiner Beteiligung - einen Anteil an der Beitragseinnahme (Prämie) des Erstversicherers."[54]

5. Schadensmodellierung am Beispiel außertropischer Stürme

Wie schon in 3.2 beschrieben, verursachen außertropische Stürme - siehe Lothar 1999 und Kyrill 2007 - großflächige Schäden und angesichts dieses Zerstörungsausmaßes muss sich die Versicherungswirtschaft folgende Fragen vor Augen halten:

1. Welche risikoadäquate Prämie muss von den Versicherten verlangt werden, um zu erwartenden Schäden begleichen zu können?
2. Wie groß ist das Kumulschadenpotential (Summe der Schäden aus allen betroffenen Policenarten) aller übernommenen Risiken aus einem Ereignis?

Häufig werden heutige Werte für die Prämienberechnung angepassten und vergangene Schäden zu Hilfe genommen. Dabei reicht die Datengrundlage nur wenige Jahre bis Jahrzehnte zurück oder es wurde eine Hochrechnung basierend auf historischen Schäden durchgeführt und auf heutige Werte gemittelt, wobei eine hohe Unsicherheit wegen veränderter Wertekonzentrationen und Versicherungsbedingungen herrscht. Daher wurde das sogenannte **probabilistische Schadensmodell** (= Modell zu Bestimmung der Beziehungen zwischen der Schadenhäufigkeit und –intensität[55]) konzipiert, welches fehlende Schadensinformationen durch meteorologische/geophysikalische Daten simulieren soll.[56]

5.1 Grundprinzip der Risikomodellierung

Das **Grundprinzip der Risikomodellierung** wird durch die folgende Grafik mit den Bausteinen für eine Sturmschadensmodellierung dargestellt:[57]

Um die Sturm**gefährdung** an irgendeinem Ort zu beschreiben, benötigt man zunächst die Wahrscheinlichkeit von Windgeschwindigkeiten. Über statistische Verfahren für einzelne Messstationen wird die Wiederkehrperiode von Windgeschwindigkeiten (Sturmintensitäten) mithilfe von meteorologischen Daten der Vergangenheit bestimmt. Neben der Qualität der

---

[54] http://www.munichre.com/de/career/your_working_environment/what_exactly_does_a_reinsurer_do/default.as px (zuletzt abgerufen: 21.12.2009)
[55] BRESCH (2000): 18
[56] BEDACHT (2008): 41
[57] BEDACHT (2008): 41

vergangenen Messwerte sind auch die gewählten statistischen Extrapolationsmethoden und die mögliche Veränderung des Windklimas zu berücksichtigen.[58]

Für die Sturmrisikoanalyse benötigt die Versicherung die **Haftung**sdaten, auch Versicherungsportfolio genannt. Darin aufgeschlüsselt ist die räumliche Verteilung der versicherten Werte der Versicherungsgesellschaft. Zugleich werden unterschiedliche Risikoklassen gebildet: Wo befindet sich das versicherte Objekt (geographische Länge und Breite)? Welche Versicherungssumme, Bauweise, Alter etc. besitzt es?[59]

Aufgrund der Tatsache, dass in Europa die Massivbauweise dominiert, ist die **Schadenanfälligkeit** an Gebäuden bei einer hohen Windgeschwindigkeit eher selten. Schäden entstehen dagegen meist an der Gebäudehülle, wie zum Beispiel an Dächern, Fenstern und Fassaden. Schadensanfällig sind vor allem die Anbauten Pergola, Markisen und Satellitenantennen (siehe Abb.25 Schadensatzkurve).

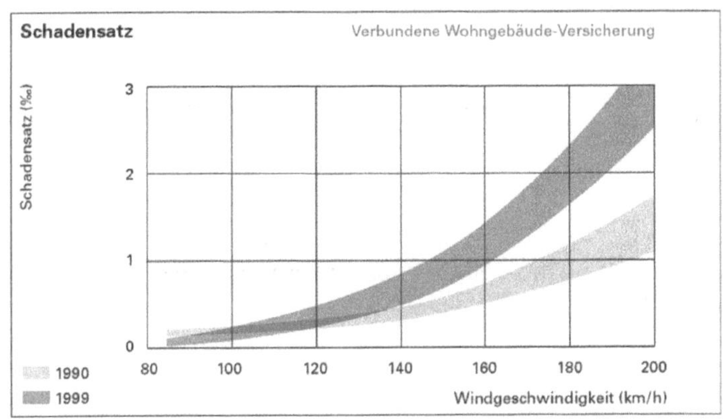

Abbildung 25 Schadensatzkurve (BEDACHT et al. (2008): 44)

Um Schadenwahrscheinlichkeiten (Wiederkehrperioden) also abschätzen zu können, sollte man eine bestmögliche Kenntnis über die Parameter Gefährdung, Haftung und Schadenanfälligkeit besitzen, welche das Risiko bestimmen. In diesem Zusammenhang wird das **Risiko** als (Überschreitungs-) Wahrscheinlichkeit von Schadenhöhen bestimmt.[60]

---

[58] BERZ, HAUSMANN, RAUCH (2001): 54
[59] BEACHT et al. (2008): 45
[60] BERZ, HAUSMANN, RAUCH (2001): 45ff

Abschließend lässt sich nun aus den oben beschriebenen Parametern ein Analyseprozess der Sturmrisiken (siehe Abb. 26) modellieren: „die Haftungsdaten werden räumlich mit den Windfeldern überlagert, so dass man für jeden Sturm an jedem Haftungsort auch genau einen Spitzenböenwert erhält. Für diesen

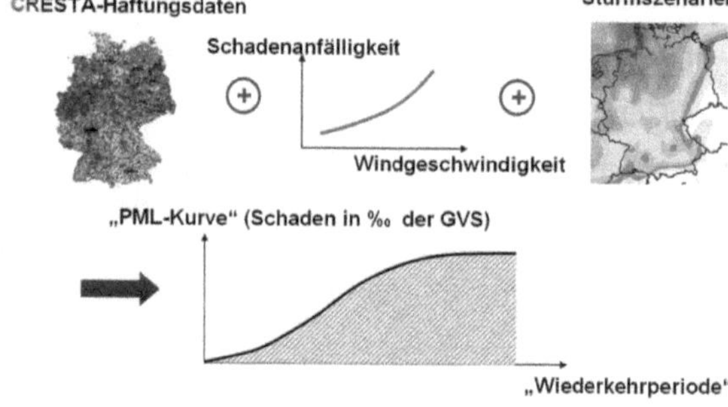

Abbildung 26 Schematische Darstellung des Modellierungsprozesses (BEDACHT et al. (2008): 45)

Wert wird pro Risikoklasse ein relativer Schadensatz aus der Schadenanfälligkeitskurve abgegriffen und mit dem Haftungswert multipliziert. So erhält man den absoluten Schaden an einem Haftungsort pro Sturm. Die Summe der Schäden über allen Haftungsorten des Portfolios ergibt schließlich den simulierten Schaden für ein Sturmereignis. (…) Aus der so erzeugten Liste an Schäden und den Eintrittswahrscheinlichkeiten der Stürme kann man nun Wiederkehrperioden der Schadenhöhen ableiten, die geographisch in der sogenannten PML-Kurve (**P**robable **M**aximum **L**oss) dargestellt sind."[61]

5.2 Eintrittswahrscheinlichkeit von Sturm-Marktschäden

Die historischen Sturmschäden der letzten Jahrzehnte wurden für ausgesuchte Länder auf das Preisniveau von 2001 hochgerechnet. So konnte eine Schadenshäufigkeit-Statistik für jedes Land generiert werden:

Sturm-Marktschaden in Mrd. €	Belgien*	Dänemark*	Deutschland*	Frankreich*	Großbritannien*	Niederlande*	Europa*
0,5	15–20	8–12	3–6	8–12	2–4	8–12	<1
1,0	40–60	20–40	8–12	12–15	8–12	15–20	1
2,5	>150	80–100	20–40	30–50	15–20	50–80	3–5
5,0			70–90	60–80	20–40	>100	8–12
10,0					70–90		20–30

* Wiederkehrperiode in Jahren
Quelle: Münchener Rück, Fachbereich GeoRisikoForschung.

Abbildung 27 Eintrittswahrscheinlichkeit von Sturm-Marktschäden (BERZ, HAUSMANN, RAUCH (2001): 55)

Die berechneten Eintrittswahrscheinlichkeiten sind jedoch nur als Annäherungswerte zu verstehen.[62]

---

[61] BEDACHT et al. (2008): 45f
[62] BERZ, HAUSMANN, RAUCH (2001):55

5.3 Sturmszenario - Schadenwiederkehrperiode von 100 Jahren

Für verschiedene Regionen wurden
mehrere Sturmszenarien, die auf der
Eintrittswahrscheinlichkeit von Sturm-
Marktschäden (Tabelle siehe oben)
und der Analyse von vergangenen
Windfelderen der letzten Jahrzehnte
(siehe Abb. 28) basieren, mit unterschiedlichen Eintrittswahrscheinlichkeiten konstruiert. Im Anschluss folgt
nun ein Sturmszenario das auf dem
Wintersturm „Daria" 1990 gründet und
als „Super-Daria"-Szenario bezeichnet
wird. Dieses Szenario wird für Europa

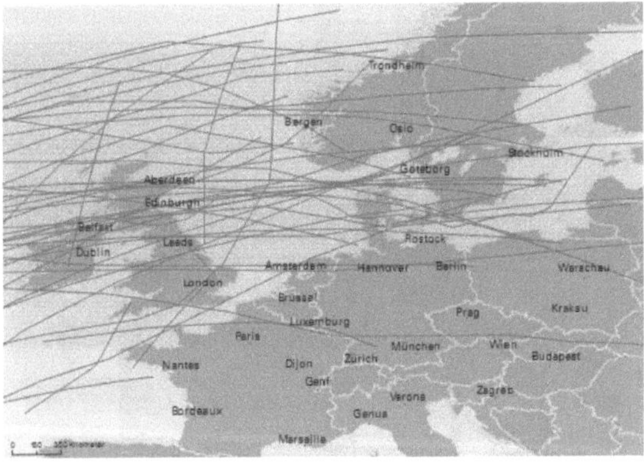

Abbildung 28 Zugbahnen historischer Winterstürme über Europa seit 1967
(ABSMAIER (2007): 13)

und Deutschland simuliert und zeigt die Schaden-Wiederkehrperiode (Eintrittswahrscheinlichkeit) von 100 Jahren (siehe Abbildung 29 und 30).[63]

5.4 Unsicherheiten von Modellen

Da jedes Modell nur ein Abbild der Realität ist, bleibt stets die Unsicherheit bestehen. Zu
aller erst muss man sich dabei fragen, ob das Ereignis-Set, das man erstellt hat, überhaupt ein
repräsentatives Abbild der Gefährdung widergibt. Setzt man diese Annahme korrekt voraus
und nimmt zugleich an, dass das probabilistische Ereignis wirklich stattfindet, dann besteht
weiterhin das Problem, dass sich aufgrund zahlloser Faktoren zu verschiedenen Zeitpunkten
unterschiedliche Ereignisschäden (engl. loss uncertainty) ergeben. Um dieses Problem zu lö-
sen, wird in dem Modell nicht nur ein einzelner Schadenswert für jedes Ereignis gewählt,
sondern es werden die entscheidenden Parameter als Wahrscheinlichkeitsverteilung dargestellt. Dadurch werden die Ereignisschäden gestreut und dadurch werden unwahrscheinlichere
Ereignisverläufe berücksichtig.[64]

---

[63] BERZ, HAUSMANN, RAUCH (2001): 62
[64] ZIMMERLI (2003): 28

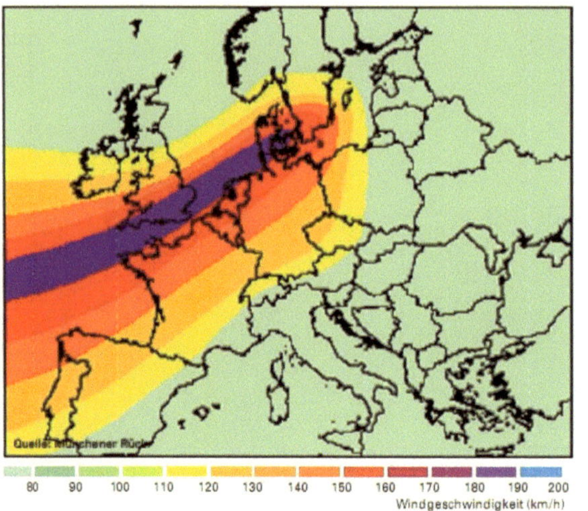

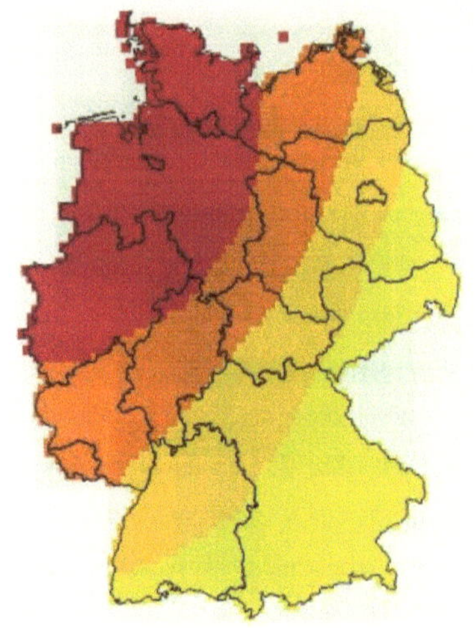

Abbildung 29 "Super-Daria"-Orkan - Windfeld eines möglichen Orkanszenarios

(BERZ, HAUSMANN, RAUCH (2007): 61)

Abbildung 30 Sturmszenario Deutschland mit 100-Jahren-(Schaden-)Wiederkehrperiode

(BERZ, HAUSMANN, RAUCH (2007): 63)

6. Resümee

Die Münchener Rückversicherungs-Gesellschaft geht davon aus, dass in Zukunft große wetterbedingte Katastrophen an Frequenz und Schadenhöhe weltweit ansteigen werden. Der Grund für diese Prognose liegt im Klimawandel. Die Erdatmosphäre erwärmt sich, Sturm- und Niederschlagsprozesse nehmen dadurch zu, der Meeresspiegel wird aufgrund von schmelzenden Eiskappen weiter ansteigen.[65] Wie sich aber das Wetter tatsächlich in den nächsten Jahrzenten entwickelt, ob man durch Vorsorgemaßnahmen den Katastrophen entgegenwirken kann oder sogar gegen diese gewappnet sein wird, sind Fragen, die man zur zeit nicht eindeutig beantworten kann.

---

[65] BERZ (2002): 14

Literaturverzeichnis

ABSMAIER, H.-D. et al.: Zwischen Hoch und Tief – Wetterrisiken in Mitteleuropa. – Münchener Rückversicherungs-Gesellschaft, München 2007.

ALGERMISSEN, S. T. et al.: Weltkarte der Naturgefahren. – Münchener Rückversicherungs-Gesellschaft, München 1998.

ALLER, D. und KOZLOSWSKI, E.: Unwetter und ihre Relevanz für die Versicherungswirtschaft. – Promet 34 (1/2), Oktober 2008, S. 10-20.

BEDACHT, E. et al.: Stürme: Schadenrisiken und ihre Modellierung. – Promet 34 (1/2), Oktober 2008, S. 40-45.

BERZ, G., HAUSMANN, R. und RAUCH, E.: Winterstürme in Europa (II). – Münchener Rückversicherungs-Gesellschaft, München 2001.

BERZ, G.: Naturkatstrophen im 21. Jahrhundert. - Geographische Rundschau 54 (1), 2002, S. 9-14.

BERZ, G.: Versicherungsrisiko „Klimawandel". – Promet 34 (1/2), Oktober 2008, S. 3-9.

BERZ, G.: Zu diesem Heft. – Promet 34 (1/2), Oktober 2008, S. 1-2.

BRESCH, D. N. et al.: Sturm über Europa – Ein unterschätztes Risiko. – Schweizer Rückversicherungs-Gesellschaft, Zürich 2000.

DIKAU, R. und GLADE, T.: Gefahren und Risiken durch Massenbewegungen. - Geographische Rundschau 54 (1), 2002, S. 38-45.

HÄCKEL, H.: Meteorologie. – Stuttgart 2008.

HARMELING, S. und BALS, C.: Globaler Klima-Risiko-Index 2007. - Wetterbedingte Schadensereignisse und ihre Auswirklungen auf die Staaten der Welt in 2005 und im langjährigen Vergleich. – 2007. www.germanwatch.org/klima/kri2007.pdf (zuletzt abgerufen: 21.12.2009).

HAUSMANN, P.: Überschwemmungen: Ein versicherbares Risiko?. – Schweizer Rückversicherungs-Gesellschaft, Zürich 1998.

HÖPPE, P. et al.: Schadenmanagement bei Naturkatstrophen – Erfahrungen, Analysten, Aktionspläne. - Münchener Rückversicherungs-Gesellschaft, München 2005.

HÖPPE, P. und LOSTER, T.: Klimawandel und Wetterkatastrophen. - Geographische Rundschau 59 (10), 2007, S. 26-31.

KRAUS, H. und EBEL, U.: Risiko Wetter. – Berlin, Heidelberg und New York 2003.

KRON, W.: Überschwemmungen . – In: PÜSCHEL, J. (Hrsg.): Schadenspiegel Themenheft Risikofaktor Wasser 48. – Münchener Rückversicherungs-Gesellschaft, München 2005, S.8-13.

KUTTLER, W.: Klimatologie. – Paderborn 2009.

MILLS, E. et at.: Insurance in a Climate of Change. – Science 309, 2005, S. 1040-1044.

MÜLLER, M. und BISTRY, T.: Überschwemmungen in Mitteleuropa: Ursachen, Auswirkungen und Perspektiven. – Promet 34 (1/2), Oktober 2008, S. 21-32.

MÜLLER-MAHN, D.: Perspektiven der geographischen Risikoforschung. -Geographische Rundschau 59 (10), 2007, S. 4-11.

POHL, J. und GEIPEL, R.: Naturgefahren und Naturrisiken. - Geographische Rundschau 54 (1), 2002, S. 4-8.

POHL, J.: Hochwasser und Hochwassermanagement am Rhein. - Geographische Rundschau 54 (1), 2002, S. 30-36.

RAUCH, E.: Auswirkungen des Klimawandels auf die Versicherungswirtschaft und Grenzen der Versicherbarkeit. - Münchener Rückversicherungs-Gesellschaft, November 2006, Berlin, S. 1- 8.

RAUCH, E.: Stürme – weltweit bedeutende Elementargefahren. – In: PÜRZER, D. (Hrsg.): Schadenspiegel Themenheft Risikofaktor Luft 51. – Münchener Rückversicherungs-Gesellschaft, München 2008, S.19-31.

ROSENHAGEN, G.: Meteorologischer Hintergrund II: Zur Entwicklung der Sturmaktivität in Mittel- und Westeuropa. – Promet 34 (1/2), Oktober 2008, S. 58-60.

RUDOLF, B. und MALITZ, G.: Meteorologischer Hintergrund I: Extreme Niederschläge als Schadenursache. – Promet 34 (1/2), Oktober 2008, S. 53-57.

SCHÖNWIESE, C.-D.: Meteorlogischer Hintergrund III: Extremereignisse aus meteorologischer-statistischer Sicht. – Promet 34 (1/2), Oktober 2008, S. 61-65.

STRAHLER, A. H. und STRAHLER, A. N.: Physische Geographie. – Stuttgart 2002.

www.munichre.com/de/career/your_working_environment/what_exactly_does_a_reinsurer_d
o/default.aspx (zuletzt abgerufen: 21.12.2009)

ZIMMERLI, P.: Naturkatstrophen und Rückversicherungen. - Schweizerische Rückversicherungs-Gesellschaft, Zürich 2003.

Abbildungsverzeichnis